LE PINCEMENT COURT

OU

MÉTHODE DE DIRECTION DES ARBRES

et notamment

DU PÊCHER

Tout exemplaire non revêtu de ma signature sera réputé contrefait.

(C.)

LE PINCEMENT COURT

OU

MÉTHODE DE DIRECTION DES ARBRES

ET NOTAMMENT

DU PÊCHER

PAR

M. Grin aîné, horticulteur à Chartres.

CHARTRES

PETROT-GARNIER, LIBRAIRE

Place des Halles, 16 et 17.

PARIS

A LA LIBRAIRIE AGRICOLE ET HORTICOLE DE A. GOUIN

Rue des Ecoles, 83.

—

1863

ARGUMENT

Les praticiens qui vivent de la taille des arbres et des journées qu'ils font dans les jardins particuliers, peuvent ne pas approuver une méthode qui permet à chacun de diriger ses arbres fruitiers, je le comprends, mais cela n'a pu m'arrêter, et, dans la profonde conviction que mon travail était utile à mes concitoyens, je me suis décidé à publier ma méthode du pincement court pour la direction des arbres et notamment du pêcher.

C'est à ce mode que peut à bon droit s'appliquer l'opinion émise par une commission de la Société Impériale et centrale d'horticulture, qui écrivait dans un rapport lu à la séance du 2 novembre 1862 :

« On peut établir à l'aide de ce pincement, en évitant le travail du palissage et par suite en réduisant de moitié la distance entre les branches charpentières, des pêchers de grande forme et de grandes dimensions, beaux, vigoureux et très-productifs. »

Me sera-t-il permis d'ajouter deux lignes encore, dans lesquelles la Commission veut bien exprimer une opinion d'autant plus flatteuse que je ne l'avais pas provoquée :

Il faut laisser à M. Grin l'honneur d'avoir sinon trouvé, du moins vulgarisé l'idée première, fait qui a le mérite réel d'une véritable initiative.

LE PINCEMENT COURT

OU

MÉTHODE DE DIRECTION DES ARBRES

et notamment

DU PÊCHER

PRINCIPES GÉNÉRAUX.

Préparer le terrain dans lequel on veut planter en faisant à l'avance la tranchée et laissant à l'action de l'air les terres qu'on a enlevées.

Avoir soin de remettre au fond de la tranchée la terre enlevée la première et mettre par-dessus celle qui était au fond.

Entretenir dans le sol, si ce n'est une humidité, du moins une fraicheur constante.

A cet effet recourir à des binages, à des paillis, à des arrosements.

Épargner avec soin les racines de l'arbre, toutes les fois qu'on fouille le terrain.

Employer pour couvrir le sol et arrêter l'évaporation de sa fraiche température des paille entières qu'on puisse enlever facilement et remettre après les arrosements.

Ne jamais arroser pendant le soleil.

Ne pas vider l'arrosoir sur le pied de l'arbre, mais pratiquer à 50 centimètres une rigole qui reçoive et garde l'eau que vous donnez aux racines.

Rechercher pour les plantations les arbres dont l'écorce est lisse et brillante.

Ne pas accepter les arbres dont les racines sont desséchées, cassées ou privées de chevelu.

Placer du côté du mur la greffe de l'arbre.

Éloigner le pied de l'arbre de 15 centimètres du mur.

Ne jamais enterrer la greffe du pêcher.

Alterner les espèces.

Le pêcher greffé sur amandier demande un sol profond.

Le pêcher greffé sur prunier réussit dans un sol humide.

Le pêcher sur franc est sujet à plus de maladies; il dure vingt ans environ; sur prunier, de vingt à trente; sur amandier, de cinquante à soixante ans.

Un pêcher d'une force moyenne peut, sans fatigue, donner 150 fruits par année, et plus encore s'il est vigoureux.

L'exposition du levant convient le mieux au pêcher; il peut cependant réussir au midi et au couchant.

Ne pas planter un arbre de manière qu'il soit dominé par des constructions ou par des arbres à haute tige qui lui enlèvent l'action du soleil et de la lumière.

Ne jamais placer un arbre au-dessous d'un toit qui déverse l'eau sur lui.

Ne point mettre un arbre fruitier dans des courants d'air contre lesquels rien ne le protége.

Ne pas mettre de fumier sur les racines du pêcher; son contact leur donne le blanc.

Ne faire aucune taille ni aucune opération à l'arbre sous l'action du soleil ; un temps sombre est plus favorable.

Éviter de tailler tout un arbre dans la même journée, ou du moins sans désemparer.

Ne jamais arracher ni même ébranler le pédoncule de la feuille qu'on veut supprimer.

Préférer la serpette à tous autres instruments.

Ne pas cueillir le fruit quand il est mouillé.

Ne jamais presser le fruit; chaque pression du doigt forme une contusion.

Garder le fruit dans un endroit peu éclairé.

LE PINCEMENT COURT

L'arboriculture est une science bien utile, puisque nous lui devons une plus riche récolte des produits que la nature nous accorde, et là va se montrer toute la généreuse bonté de Dieu, cette science n'appartient pas aux privilégiés de l'intelligence, tout le monde peut l'acquérir et la pratiquer.

Sans études premières, sans leçons, sans frais, un homme doué de bon sens et surtout d'une grande persévérance, peut et doit pénétrer les secrets de la nature; mais je dois le dire, ce n'est pas l'œuvre de quelques mois, comme d'aucuns seraient tentés de le croire.

Une saison passée à la campagne suffit pour préparer à cette connaissance, mais une année entière d'études, ne dit pas tout ce qu'il s'agit d'apprendre. C'est pour avoir trop légèrement étudié, que tant de mécomptes ont découragé ceux qui, à grands frais d'imagination, avaient cru deviner le mot de l'énigme, avant que l'énigme entière leur fût exposée.

J'ai procédé plus lentement; je voulais savoir, et pour cela j'étudiais non pas à mes moments perdus, et quand je n'avais rien de mieux à faire, mais sans désemparer, mais sans autre préoccupation. J'avais tout à apprendre, aussi étais-je attentif à toute chose; pour me garantir des erreurs, je renouvelais mes essais, et consignais avec scrupule les moindres circonstances que d'autres auraient considérées comme insignifiantes; je ne me contentais pas de quelques visites à mes arbres, je vivais, je puis dire, au milieu d'eux. C'est ainsi qu'on arrive à les comprendre, comme la mère devine son enfant, sans qu'il ait à exprimer ses besoins, ses souffrances.

Que de fois depuis vingt ans ne me suis-je pas relevé la nuit pour les protéger contre l'intempérie des saisons! Aussi je pourrais dire, nous nous connaissons. Les opinions que j'émets, les propositions que je formule sont le résultat de vingt années d'études et de recherches.

Ce qui me permet de croire que je suis dans le vrai, c'est que sans bruit, sans démarches, sans protection, sans prôneurs, la vérité que j'ai dite a été acceptée par les plus habiles, notamment par M. *Dubreuil*, l'un des hommes les plus compétents en arboriculture.

Dans de pareilles conditions, puisque mon nom a été cité, puisque mes travaux ont été l'objet de plusieurs rapports, et que de nombreux visiteurs ont pris la peine de venir à Chartres (1) pour examiner et suivre mes essais, puisque surtout beaucoup d'autres m'ont écrit pour solliciter des instructions générales sur l'arboriculture et spéciales sur ma méthode de *pincement*, j'ai dû céder à de vives et nombreuses instances et pour répondre à tous sans écrire à chacun, je me détermine à dire mon procédé, pour empêcher que mal compris par les uns, mal interprété par d'autres, dénaturé même par quelques uns, il n'amène de fâcheuses déceptions pour ceux qui n'en connaîtraient pas la simple et facile explication.

Je me résous à sortir de l'obscure réserve dans laquelle je me tenais, et dans le but d'être utile à ceux qui s'occupent de leurs jardins, je vais, non point me faire auteur, mais sans prétention et sans phrase, expliquer mon système du *pincement* du pêcher.

Qu'on veuille bien se le rappeler: quand j'ai commencé à m'occuper de jardinage, j'ai d'abord fait comme les autres; j'écoutais, je regardais les habiles et je cherchais à faire de mon mieux. J'admirais le développement de leurs arbres et je comptais avec effroi le nombre d'années qu'il faudrait à mon espalier pour soutenir la comparaison; puis je me remettais à tailler et à pa-

(1) Et notamment M. *Dubreuil*, qui n'a pas craint de se déplacer plusieurs fois pour venir au loin visiter mes arbres, et qui a bien voulu en préconiser l'utile direction.

lisser, consultant toujours les promesses de l'avenir pour oublier la triste réalité du présent. Conformément aux prescriptions des maîtres, je pratiquais avec la plus scrupuleuse exactitude et aux heures dites les opérations ordonnées ; c'était :

1° En mars, la taille et le palissage d'hiver.

2° La taille après la floraison pour rabattre les rameaux dont les fruits n'avaient pas noué.

3° La taille en vert pour supprimer les bourgeons trop nombreux et régler le nombre des bourgeons de remplacement.

4° Le pincement des bourgeons de remplacement.

5° En juin, la deuxième taille en vert.

6° Le palissage des bourgeons de remplacement qui se fait en quatre ou cinq fois.

De bon compte, c'était bien du travail, bien des soins ; si du moins j'en avais été récompensé par une abondante récolte ? Mais hélas ! mes pêchers se dénudaient au centre comme ceux du voisinage, et l'extrémité des branches me donnait seule des fruits toujours trop peu nombreux.

Le dépit de mes insuccès me fit longtemps réfléchir et m'amena à cette conclusion que Dieu dans son inépuisable bonté, n'ayant pas donné à l'homme des pêchers pour qu'ils restassent sans fruits, je devais en conclure que l'homme avec toute sa science était l'auteur maladroit de tant de mécomptes.

On a prétendu que pour suivre ma méthode il fallait tout d'abord prendre une chaise et s'installer devant l'arbre, le regarder pousser et progresser, tant la moindre négligence pouvait compromettre le système que je pratique. Cette malice dont j'ai ri tout le premier, avait quelque chose de vrai, quand je suivais les prescriptions de l'école, et c'est précisément parce que je ne pouvais pas toujours suffire à tant de soins que j'ai voulu simplifier et que je suis arrivé à la vérité.

Dans la voie que j'indique, d'autres feront beaucoup mieux que moi sans doute, mais j'aurai atteint mon but, si mes amis savent que je récolte de beaux et bons fruits, si les instituteurs primaires qui apprennent et enseignent la taille des arbres, si les hommes laborieux qui n'ont ni le temps ni l'espace nécessaires pour suivre les anciennes méthodes, sont assez heureux pour voir, comme moi, sur leur modeste table des fruits non moins beaux que ceux des grands vergers du château voisin, dont le jardinier longtemps encore sans doute, suivra les anciens errements, et par sa taille savante convertira les arbres fruitiers en arbres d'agrément!..... Non pas que je dise qu'avant moi, il n'y eût pas de belles pêches; ma seule prétention est, dans un espace donné, d'en avoir en plus grande quantité, sans craindre la comparaison, même avec Montreuil, cette terre classique et privilégiée du pêcher.

CHAPITRE Ier

Sans avoir la prétention de faire un traité sur la physiologie végétale, il est quelques principes généraux qu'on ne saurait trop répéter pour les mettre à la portée de toute personne s'occupant d'arboricultre; il est bon de les retrouver jusque dans les opuscules les plus modestes, pour n'avoir pas à les rechercher ailleurs. Je rappellerai donc quelques notions essentielles sur l'eau, sur l'air, sur la lumière, sur la chaleur; ensuite je parlerai du terrain, enfin je m'expliquerai sur le choix des arbres, sur la manière de les planter, sur leur direction, et notamment sur la méthode du *pincement*, tel que je le pratique aujourd'hui.

§ 1er.

De l'Eau.

L'eau est indispensable à l'existence des plantes, elle joue le rôle le plus important dans la végétation; partout on la rencontre, dans le sol, dans l'air, dans le corps des arbres.

1° *Dans le sol*, l'eau dissout les substances propres à la nutrition des plantes, elle s'empare de l'acide carbonique dans l'humus et permet à ces substances de pénétrer dans le corps des végétaux.

2° *Dans l'atmosphère*, à l'état de vapeur, l'eau produit ces bienfaisantes rosées qui remédient pendant les grandes chaleurs à la sécheresse du sol. Sans eau, il n'y a pas de nutrition, et par conséquent pas de végétation possible, mais il ne faut pas que le volume d'eau dépasse certaine proportion voulue; en effet, un sol trop humide produira du bois mal constitué et pas de fleurs. Si, au contraire, le sol était trop sec, les arbres se couvriraient de fleurs et ne produiraient pas de bois.

Il faut donc, pour éviter ce double inconvénient, combattre l'humidité par les amendements, et la sécheresse par des paillis épais, par des aspersions sur les feuilles, par des arrosements à l'engrais liquide, afin de placer les arbres dans des conditions d'humidité qui leur assurent une végétation et une fructification convenables.

La trop grande humidité de l'atmosphère n'est pas moins à redouter: les arbres fleurissent sans produire de fruits. Sous l'influence de brouillards trop fréquents, l'humidité délaye le pollen et lui enlève sa vertu fécondante.

Pour obvier à ce grave inconvénient, on a recours aux abris; il faut, pour préserver les arbres en espaliers, établir un chaperon mobile de 30 cent. environ au sommet du mur pendant le temps de la floraison. Ce moyen suffit pour assurer la fructification, et dès que le fruit est formé, on retire l'abri qui n'a plus d'utilité.

3° *Dans le corps des arbres*, sous le nom de sève, l'eau saturée des principes de nutrition qu'elle a trouvés dans le sol, leur sert de véhicule pour les transporter jusque dans les cellules des feuilles, utiles réservoirs où la sève modifiée et convertie en cambium vient concourir à l'accroissement et à la reproduction de l'arbre. La sève est le sang des arbres et des plantes; il m'est avis qu'en arboriculture aussi bien qu'en chirurgie, on doit se montrer chaque jour plus avare des opérations qui font perdre du sang à l'homme, à l'arbre de la sève qui ne lui est pas moins indispensable, et qui forme son principal élément de vitalité.

§ 2.

De l'Air.

L'air n'est pas moins indispensable à la végétation que l'eau, dont j'ai dit la nécessité. Sans l'oxygène que l'air contient, la sève ne se convertirait pas en cambium.

La germination elle-même ne peut s'accomplir sans le secours de l'air qui traverse le sol, et les racines pourrissent quand elles sont soustraites à son influence.

En outre, l'oxygène concourt puissamment à la décomposition des engrais; il faut donc, pour obtenir le maximum de la végétation, que le sol soit constamment perméable à l'air ; on obtient ce résultat par des labours profonds et des binages réitérés. Plus le sol est compacte, plus il doit être fouillé profondément et souvent remué. Les bonnes façons données à la terre comptent pour beaucoup dans le succès de toute espèce de culture.

§ 3.

De la Lumière.

La lumière est un des agents les plus puissants de la végétation; sans elle, la nutrition ne saurait s'accomplir et les arbres resteraient infertiles.

Non-seulement la lumière participe à tous les actes de la végétation, mais encore elle les détermine.

Son action amène l'évaporation de la surabondance d'eau de la sève dans les cellules des feuilles; par le fait de cette évaporation, l'ascension de la sève est activée et l'absorption par les racines des sucs nourriciers que renferme le sol s'en augmente. Le mouvement de la sève est dû en grande partie à l'action de la lumière.

Je dois faire observer que l'acide carbonique accumulé dans les cellules des feuilles ne peut être décomposé que sous l'influence d'une lumière très-vive. Ainsi, qu'un arbre fruitier soit ombragé en entier, ses rameaux pousseront longs et grêles, semblant se précipiter pour chercher au loin la lumière qui leur manque et ils donneront rarement des fleurs, fausses promesses de fruits qui ne viendront jamais.

Autre preuve de l'influence de la lumière : si l'arbre est éclairé en partie seulement, on constatera l'appauvrissement de l'arbre dans la portion restée obscure et la fructification plus ou moins forte suivant la nature de l'arbre, mais toujours certaine, dans la partie éclairée.

C'est encore à l'action de la lumière qu'on peut attribuer une partie de la saveur des fruits, et surtout leur coloration ; bien plus, enfermez dans une obscurité complète un fruit tenant à l'arbre, pour lui la maturité ne se fera pas, quand elle sera déjà complète pour tout le reste de l'arbre.

Pour assurer la maturité notamment des pêches, il faut avoir soin de découvrir les fruits quelques jours avant de les récolter, pour leur donner tout à la fois et l'éclat et la saveur qu'elles sont capables d'acquérir : chacun peut en faire l'épreuve au moment où l'on cueille le fruit, le côté qui touche au mur est acide et presque amer, comparativement à la partie éclairée.

§ 4.

De la Chaleur.

Sans la chaleur, pas de fructification complète. Mais, autant elle est favorable et utile dans de justes limites, autant elle peut devenir funeste, si elle devient trop forte ; si elle a une trop longue durée, la végétation sera suspendue, les fruits se détacheront de l'arbre qui lui-même finira par mourir.

Toutefois, même avec une température très-élevée, si le sol peut rester humide, la végétation sera fort active et les arbres se chargeront de bourgeons vigoureux.

Il faut combattre la sécheresse par des couvertures de grand fumier de paille, de colza, ou de mousse, ou de bruyère qui arrêtent l'évaporation du sol.

Les arrosements à l'engrais liquide sont d'un grand secours non-seulement pour empêcher la chute des fruits, mais encore pour en augmenter le volume et la qualité; mais il faut bien se garder de répandre des arrosoirs d'eau au pied de l'arbre, ainsi que trop souvent, je l'ai vu faire pendant les chaleurs, c'est exposer les arbres à être attaqués par le blanc des racines. Lorsque j'arrose les arbres, c'est à trente centimètres environ de l'arbre, dans une rigole que j'ai préparée pour que l'arrosement profite immédiatement aux racines chargées de le transmettre à l'arbre.

Des aspersions sur les feuilles, le soir, produisent le meilleur effet, surtout sur les arbres en espaliers au midi; elles dispensent souvent des engrais liquides et empêchent toujours les feuilles de se dessécher.

Grâce à des binages fréquents, la terre se dessèche moins, et reste plus ouverte à l'influence des rosées.

Au surplus, la nature, dans son admirable organisation, apporte elle-même le remède le plus puissant; que l'homme la seconde un peu, elle le récompensera au centuple de ses soins et de sa peine. Pendant les chaleurs les plus fortes, la sève, plus active que jamais, monte vers les feuilles, stimulée par l'évaporation de celles-ci, et, apportant ainsi dans le corps de l'arbre la fraîche température du sol, elle contrebalance celle de l'atmosphère.

CHAPITRE II

§ 1er.

Du Terrain.

Le pêcher peut réussir dans beaucoup de terrains différents; mais pour le voir dans sa luxuriante végétation, il faut lui trouver une terre franche, sableuse, douce au goût et au toucher, (ce qu'on appelle une bonne terre à blé.)

Cette terre de choix se compose, à parties égales, d'argile, de silice, de matières calcaires et d'humus.

Aux justes proportions de ses parties constitutives, la terre devra une fertilité qu'on verra diminuer ensuite, si l'équilibre cesse d'exister dans les parties qui la composent.

Il faut que le terrain puisse résister également aux longues sécheresses et à l'humidité que produisent des pluies trop prolongées.

Les qualités spéciales des terrains argileux et siliceux, se neutralisent heureusement, car si l'argile retient l'humidité, le silex facilite l'écoulement des eaux trop abondantes, et la combinaison de ces deux espèces de terre assure à l'arbre la fraîcheur qui lui est favorable.

Si le terrain dans lequel on doit planter ne réunit pas ces conditions essentielles, il faut le modifier pour approcher le plus possible de cette terre par excellence.

Au surplus, deux labours profonds faits au printemps et à l'automne, permettent d'apprécier les modifications que le sol a reçues, et qui proviennent de la température générale pendant l'année; mais je ne saurais trop insister sur les précautions avec lesquelles ces labours et les binages doivent être faits, pour ne jamais attaquer les racines et surtout les spongioles qui les terminent.

§ 2

Du choix des Arbres.

Généralement on prend dans les pépinières, des sujets comptant plusieurs années de greffe; en fait de pêchers, je me suis bien trouvé de préférer des arbres greffés l'année même; seulement j'ai le soin de préférer des arbres à l'écorce unie et brillante, c'est le premier et le plus sûr indice d'une bonne et forte végétation que rien n'a arrêtée dans son développement.

Je choisis mes pêchers droits et d'un seul jet : j'aime qu'ils ne soient pas développés en rameaux et que de la base à trente centimètres de hauteur, les yeux soient bien prononcés.

Je me montre plus exigeant à l'égard des racines; je tiens à ce qu'elles partent toutes du collet, en forme de couronne, et qu'il n'y ait point de pivot; je désire autant que possible qu'elles soient de moyenne et égale grosseur, mais ce que j'exige avant tout, c'est qu'elles conservent leur longueur et qu'elles ne soient pas mutilées.

§ 3.

De la Plantation.

Cette importante opération exige le concours d'une foule de connaissances et une longue expérience. Elle est le principal élément du succès en arboriculture; autant les résultats sont prompts et satisfaisants quand elle a été bien faite, autant ils sont longs, difficiles, quand elle est mal exécutée.

Avant de prendre le sujet dans la pépinière, il est utile de choisir des variétés à époques diverses de maturité, et de placer une variété peu vigoureuse entre deux qui le seraient davantage.

Je ne veux pas citer et décrire les 44 espèces désignées par Du Tour, dans le nouveau dictionnaire d'histoire naturelle; bien peu des noms qu'il leur donne leur ont été conservés dans la pratique. Seulement je rappellerai après lui que depuis la mi-juillet jusqu'à la fin d'octobre, on peut avoir des pêches sur la table la plus modeste. Et voici, parmi tant de variétés les cinq meilleures de celles que l'on cultive dans la zone de Paris.

1° *Desse hâtive.* La première de toutes les pêches; chair blanche verdâtre, très fondante, et d'une qualité supérieure. Exposition : est-sud-est.

2° *Grosse mignonne hâtive.* Cette variété est la plus précieuse que nous possédions, en même temps elle est la plus rustique et la plus fertile; aussi j'en forme le fond de mes plantations d'autant qu'elle accepte toutes les expositions, et l'arbre donne les meilleurs résultats pour les très grandes formes d'espalier. Je n'aurais pas assez dit si je ne citais la délicatesse de ses fruits.

3° *Mignonne tardive.* Fruit magnifique et excellent, mûrissant vers la fin d'août. L'arbre est très vigoureux et d'une grande fertilité ; il se plaît à l'exposition sud-est.

4° *Belle Bausse.* Son excellent fruit a beaucoup d'analogie avec la grosse mignonne tardive, et n'arrive à maturité que dans la première quinzaine de septembre.

L'arbre vigoureux et fertile, se prête,aux plus grandes formes.

5° *Brugnon Stanwick.* Cette variété, la meilleure de tous les brugnons, mûrit vers le 15 septembre. Cet arbre d'une vigueur moyenne, et bon pour les petites formes d'espalier, est cependant très-fertile : l'exposition sud-est lui convient.

En général, pour que le fruit soit meilleur, il faut le cueillir un peu avant la maturité, et le conserver quatre ou cinq jours dans un endroit obscur.

§ 4.

De l'Habillage.

Les jardiniers ont inventé cette expression pour désigner une opération consistant à couper l'extrémité des racines desséchées ou cassées d'un arbre avant de le planter.

A voir l'indifférence avec laquelle certains praticiens coupent et déchirent les racines sous le prétexte de les rafraichir, on supposerait que cette opération n'offre point d'importance; moi qui lui en trouve beaucoup, je proteste contre des mutilations qui peuvent perdre un arbre qui était plein de force et de santé au moment où on l'a déplanté.

Lorsqu'on replante un arbre, il faut respecter toutes les racines et surtout les spongioles qui les terminent, puisqu'elles forment les pompes qui aspirent dans le sol l'eau et les parties nutritives nécessaires à la végétation; autrement et lorsqu'on a sans motifs coupé toutes les extrémités des racines, il faut pendant plusieurs années attendre leur cicatrisation et la création de nouvelles racines: l'arbre, en effet, n'aura que peu de bourgeons, qui témoigneront de son état de souffrance.

Quant aux racines desséchées ou cassées, je les coupe de préférence avec une serpette bien tranchante : je les taille en biseau et de façon que la coupe du biseau repose à plat sur le sol, et ceci est important : en effet, dans cette position, le cambium descend également tout autour de la plaie, y forme un bourrelet qui donne naissance à de nouvelles racines : si au contraire la section est en sens inverse, le cambium descend à l'extrémité du biseau et laisse la plaie en quelque sorte à découvert. La cicatrisation se fait plus lentement, et souvent la plaie est attaquée par des chancres ou par la carie qui font périr la racine au grand détriment de l'arbre entier.

§ 5.

Mode de Plantation.

1° Je pratique un trou, ou pour mieux dire une tranchée d'un mètre de profondeur sur 1 mètre 25 centimètres de largeur, et j'ai soin de mettre d'un côté la première terre enlevée, et d'un autre côté celle du fond : puis il convient de jeter au fond de la fosse, 20 centimètres environ de gazon retourné, ou de feuilles, ou de tontes d'arbres. Dessus, il faut, en l'écrasant et l'émiettant au lieu de la laisser en bloc, remettre la terre qui était à la surface, en faisant un cône ou pain de sucre dépassant le niveau du sol d'environ 15 centimètres.

2° Avant de placer les arbres, j'ai préparé une pâte où je plonge les racines de chacun d'eux :

A cet effet, je mets un kilogramme de colle-forte dans deux litres d'eau ; quand la dissolution est complète, je mêle dedans par parties égales de la terre franche, de la bouse de vache et du sable fin ou sablon, et je mélange le tout de manière à former une bouillie ou pâte épaisse.

La colle, en adhérant aux racines, couvre d'un centimètre de cette composition toutes les radicelles qui vont se développer et leur fournit une nourriture substantielle, puisqu'elle contient beaucoup de sels ammoniaques.

A ces avantages se joint celui non moins important de dispenser de l'emploi du fumier, toujours pernicieux pour le pêcher; car, si peu qu'il touche les racines, l'arbre est attaqué par le blanc et le plus souvent il en meurt.

3° Maintenant que les racines sont protégées par cette composition, je pose l'arbre sur le cône, en ayant soin de l'éloigner du mur de 15 cent. environ, et de tourner la greffe vers le mur pour qu'elle ne soit pas exposée au soleil et que le mur lui assure un abri contre les intempéries des saisons ; ai-je besoin de dire que ce travail est ainsi plus régulier et plus agréable à la vue ?

J'appuie un peu, pour que les racines portent bien de toutes parts sur le sol ; puis je comble le trou avec la terre extraite en dernier, et qui, sous l'influence de l'air, du soleil et de la pluie qui la pénètrent, perdra bientôt son acidité et redeviendra aussi bonne que celle qui la couvrait et qui, maintenant, forme le sol inférieur.

Si l'arbre présente deux couronnes de racines, ce qui forme deux étages, je soulève celles de la couronne supérieure pour ne pas les enterrer avec celles inférieures. Quand celles-ci sont couvertes de terre jetée par petites pelletées, j'étale les racines supérieures et je les recouvre de terre, comme j'ai fait pour les autres.

Cela terminé, je comble la jauge avec la terre qui me reste.

Je recommande à celui qui plante de ne jamais enterrer le pêcher jusqu'à la greffe; cela se fait presque partout, je le sais, mais, pour être générale, cette habitude ne me paraît pas moins fâcheuse, et je la combats sans hésitation.

Il est une autre coutume contre laquelle je m'élève non moins vivement, c'est celle d'enterrer l'arbre profondément pour le soulever ensuite comme si l'on voulait l'arracher du sol, et cela, dans le seul but de l'amener à un niveau qu'on aurait dû tout d'abord lui donner.

Ce qui prouve combien cette habitude est mauvaise, c'est qu'elle a pour résultat de rapprocher les racines et de les réunir en faisceau, au lieu de les laisser étalées comme il est utile et naturel qu'elles soient pour s'approprier, de tous côtés, les sucs nécessaires à leur végétation.

D'ailleurs, en soulevant ainsi l'arbre nouvellement planté, on forme nécessairement un vide entre lui et le sol; c'est là que les vers et tous les animaux qui vivent dans la terre trouveront un refuge tout préparé, jusqu'à ce que les eaux de pluie, en traversant la première couche du sol, les chassent en y formant une mare intérieure dont le contact sera préjudiciable à l'arbre.

§ 6.

De l'emploi des instruments.

Il n'est pas inutile de constater ici que de tous les instruments qu'on trouve dans les mains des horticulteurs, celui qui devrait être seul employé pour la taille des arbres, c'est la serpette, le plus ancien et le meilleur de tous; seulement il faut savoir s'en servir, mais l'habitude n'est pas difficile à acquérir.

Dans des mains habiles, la serpette ne laisse point d'onglets comme le sécateur, qui est responsable de tous les inconvénients, des accidents même qu'amènent les onglets.

L'onglet fait dévier le bourgeon et produit ainsi des gourmands et des branches qui forment des coudes où la sève afflue d'une manière nuisible à l'arbre, car les chancres s'y mettent, et ils rongent la branche qu'il faut bientôt sacrifier au salut de l'arbre, même en dépit du vide fâcheux et déshonorant qui en résulte.

La serpette donne un travail plus rapide et meilleur : elle permet de couper aussi près qu'on le désire d'un point donné; sa coupe nette est vite cicatrisée. Pour les boutures, c'est encore elle seule qui peut servir; voilà donc l'instrument par excellence et que l'horticulteur doit toujours tenir en bon état.

Je recommande à tous ceux qui se servent de la serpette, de maintenir la branche à couper, en la tenant au dessous de la partie qu'on doit enlever, et de tailler en ramenant l'instrument à soi et en donnant un coup sec; en taillant au-dessous de la main qui maintient la branche on risque de se blesser.

En résumé, l'amputation d'une branche faite nettement avec la serpette, et soustraite à l'action de l'air par une couche de mastic à greffer, est entièrement recouverte par les écorces en moins de deux ans et ne présente ni danger, ni inconvénient pour l'arbre.

La même opération faite avec de mauvais instruments qui déchirent plus qu'ils ne coupent, présente des inégalités, des aspérités et une plaie découverte; alors le bois se décompose, pourrit, sèche et tombe en poussière; ou l'eau s'infiltre dans le cœur du bois pour descendre jusqu'au collet de la racine; c'est ainsi que meurent bien des arbres, et pour ne pas s'avouer coupable d'une maladresse et d'une négligence, on dit que le terrain ne vaut rien pour l'arbre qu'on a maladroitement sacrifié.

§ 7.

Des Greffes.

Les greffes ont pour but de combler les vides qui peuvent se produire sur une branche. Je me contenterai d'indiquer les greffes qui m'ont le mieux réussi :

1° *La greffe herbacée par approche :* la fig. 8, pl. 2, indique la dénudation de la partie supérieure d'une branche et le moyen de combler la lacune qui déshonore l'arbre. Pour y parvenir, après avoir laissé se développer un rameau partant de la base et ayant la longueur des vides à remplir, on fait sur la branche dénudée, une, deux ou trois incisions longues d'environ 4 cent. et terminées de chaque côté en navette ; sur le rameau destiné à combler les vides on pratique trois entailles correspondantes aux incisions faites sur la branche aux points A, puis on fixe le rameau sur la branche par des ligatures avec de la laine qu'on a soin de ne point trop serrer pour éviter des étranglements, en deux mois de temps les greffes sont soudées, mais il est prudent de ne sévrer le rameau qu'au printemps suivant.

Cette opération réussit d'autant mieux qu'elle est faite quand la sève est dans sa force.

2° *La greffe en écusson :* elle peut être pratiquée pour remplir des vides, mais elle est employée surtout dans les pépinières pour faire des sujets; elle consiste, vers le mois d'août à enlever un œil de la variété que l'on veut greffer et à l'insérer dans l'écorce de l'arbre (voir figure 6, planche 2), le dessin explique suffisamment l'opération qui demande une main légère et assez exercée.

On recommande assez généralement de ne pas laisser de bois au-dessous de l'œil de l'écusson, je ne suis pas de cet avis : en laissant un peu de bois à l'intérieur de ma greffe, j'évite qu'elle soit attaquée par l'instrument ou seulement éventée, ce qui suffirait pour empêcher le succès; en outre; le peu de bois que je laisse donne plus de force à la greffe et l'empêche d'être meurtrie par la ligature, surtout si je l'ai choisie sur un rameau tendre.

Dès que l'écusson est préparé, on fait dans l'arbre une incision en T sur le sujet à greffer, on soulève légèrement l'écorce, de manière à introduire l'écusson; puis on referme la plaie avec un fil de laine, en évitant de trop serrer, mais en tournant le fil, on le maintient assez rapproché de l'œil pour protéger la plaie contre l'action de l'air.

Au printemps suivant, on coupe le sujet à 10 cent. au-dessus de la greffe, on laisse pousser quelques petits bourgeons sur le chicot pour appeler la sève dans la greffe, et dès que celle-ci a produit un bourgeon de 15 à 20 cent., on supprime tous ceux du sujet, puis on attache avec un jonc la greffe sur le chicot, qui est coupé à son tour, juste au-dessus de la greffe.

Des praticiens ne coupent le chicot qu'à la fin de l'année; je préfère le couper en août, parce que la section a le temps de se recouvrir avant l'hiver, et l'arbre souffre beaucoup moins, surtout s'il doit être replanté dans l'année.

A propos de greffes, j'indiquerai le procédé employé par certains praticiens pour amener les fruits à une grosseur tout exceptionnelle; ce moyen est bien facile : pour cela on choisit le fruit le plus près de la dernière taille, sur une branche de prolongement et sur une coursonne placée au-dessus de la branche; on laisse pousser un bourgeon au-dessous du fruit, puis quand il aura dépassé le fruit de quelques centimètres, on le rapproche de la tige du fruit et on l'y soude, à l'aide d'entailles dans ce rameau et dans la tige de ce fruit, on lie avec de la laine; et dès que la greffe est prise, on coupe la partie du rameau qui dépasse la greffe pour en empêcher le développement et le forcer à donner toute sa sève au fruit qui, recevant deux courants de sève, prend un volume prodigieux (voir planche 3, figure 5).

CHAPITRE III

§ 1er.

De la Taille.

La taille a pour but de soumettre l'arbre à des formes régulières, et j'ajouterai de lui faire produire de beaux et de bons fruits dans le moindre espace possible.

Les formes les plus favorables au pêcher sont les cordons horizontaux, les cordons obliques, les palmettes simples ou doubles. Quelleque soit la forme adoptée, il faut avant tout s'occuper de la charpente de l'arbre, c'est-à-dire d'établir les branches principales qu'on appelle branches charpentières. Sur celles-ci, par mon procédé de *pincement court*, l'arbre ne produit plus que de très petites *coursonnes* remplies de productions fruitières de la base au sommet. Les fruits d'égale grosseur sont également répartis dans toute l'étendue de l'arbre, et, résultat longtemps dénié, les rameaux en produisent chaque année deux fois plus que l'arbre ne pourrait en supporter sans s'épuiser.

Il est une méthode qui jusqu'à ce jour l'a emporté sur toutes les autres, c'est celle de Montreuil, et les résultats obtenus notamment par MM. *Lepère* et *Malot* semblent protester contre les modifications qu'on voudrait apporter au système pratiqué par ces princes de la science, mais sur cent praticiens qui les imitent quatre-vingt-quinze échoueront, car ils n'auront pas les connaissances spéciales, l'habitude pratique et l'habileté de ces hommes, dont la vie entière s'est écoulée à perfectionner les traditions d'un système qui est trop long, trop pénible et trop défectueux pour survivre à notre génération, malgré toutes les améliorations qu'on y a apportées.

J'ai dit plus haut les huit ou dix opérations successives qu'on y pratique, et l'on doit reconnaître qu'elles veulent, qu'elles exigent une justesse d'appréciation qu'il n'est pas donné à tout le monde d'acquérir, si j'en juge par ce que je vois presque partout. Devant les inconvénients nombreux de ce système, inconvénients que, comme tant d'autres, je ne savais prévoir et que je ne pouvais surmonter, j'ai cherché une méthode plus simple et plus facile pour ceux qui n'ont pas leur journée entière à donner à leurs arbres; et j'ai été amené, non sans peine, je dois le dire, à ma méthode du *pincement court* qui m'assure une heureuse abondance de fruits.

Voici les avantages de mon procédé :

Je supprime le palissage d'hiver et celui d'été ; donc économie de temps et d'argent.

Je rapproche mes branches charpentières, entre lesquelles je ne laisse qu'une distance de 25 cent., espace suffisant pour mes rameaux à fruit; dans un espace donné, je double ainsi la quantité de fruits que je puis obtenir.

Enfin je n'admets pas d'amputation sur les arbres, même pour suppression de gourmands et pour le rapprochement de rameaux chargés de bourgeons anticipés. Les amputations qui sont le mieux faites, causent une perturbation dans l'économie de l'arbre. C'est, je l'ai déjà dit, de la chirurgie végétale qui demande presque autant de tact, d'appréciation et d'adresse que la chirurgie humaine. Ne vaut-il pas mieux prévenir les causes qui nécessitent les amputations, que d'avoir le mérite de les guérir? Ce à quoi les habiles eux-mêmes n'arrivent pas toujours.

§ 2.

Taille d'hiver.

Il est d'usage de tailler le pêcher en février et mars, je m'y prends beaucoup plus tôt, je taille en novembre, et depuis 1856 mes arbres n'ont eu ni gomme ni cloque, tandis que, autour de moi, bien des jardins en étaient infestés, là surtout où l'on ne pratiquait pas comme moi le *pincement court*.

La cloque n'attaque que les jeunes feuilles du pêcher, et moi je les supprime. Quant à la gomme, qui se produit notamment sur les blessures au moment de la sève, puis-je la craindre, lorsque je choisis pour tailler l'arbre le moment où la sève est presque en repos?

En novembre, je détache les liens qui retiennent mes branches charpentières. Je supprime tous les crochets de derrière, et ne laisse qu'un seul rameau dessus et un dessous en avant de la branche. Je garde celui qui à sa base, a les meilleurs yeux et dont la bourse ou renflement porte beaucoup de boutons à fruits.

Il arrive souvent que des deux yeux, le plus bas soit plus faible que le supérieur, je pince ce dernier avant son développement à la moitié de sa longueur; par ce moyen je fortifie l'œil de la base qui l'année suivante portera des fruits, si le besoin s'en fait sentir: le rameau qui va prendre naissance peut porter des fruits plusieurs années de suite, sans s'allonger d'un centimètre.

Je trouve prudent de conserver des rameaux à bois à la base de chaque coursonne pour les transformer à ma volonté en rameaux à fruits; ce qui se fait dans le cours de l'année, pour rapporter l'année suivante.

Ensuite je ne laisse qu'un seul crochet en dessus (figure 7, planche Ire), et je taille en C à deux yeux, en dessous je laisse deux crochets à la même coursonne et je la taille en A, ainsi qu'on peut voir figure 9, planche Ire, les yeux qui restent sur les crochets ainsi taillés se développent en bourgeons doubles. D'après les enseignements de l'école, on supprime les doubles, moi qui pense que la nature ne fait rien d'inutile et que tout doit être fertilisé, je pince seulement une partie de l'extrémité de ceux qui se montrent les plus vigoureux. Cette simple opération est indiquée à la figure 2, planche Ire, on y voit que je les pince en A.

§ 3.

Premier pincement.

Dans le cours d'avril, vers le 15, si le printemps n'est pas trop défavorable, je règle le nombre de mes petits rameaux à conserver ainsi qu'on peut le voir à la figure 6, de la 1re planche. Je taille chacun d'eux en A, les laissant riches de cinq bourgeons sans compter un œil à la base qui est indiqué par la lettre B, tracée sur l'écorce de l'arbre.

La figure 4, planche 1re représente une branche ayant deux bons yeux à bois à sa base (ils sont indiqués par la lettre A), je taille cette branche en B, ne lui laissant que les deux bourgeons épanouis représentés par la gravure.

Si au bas d'une branche coursonne les yeux étaient restés latents, ainsi que le fait voir la figure 7, planche 1re, je taillerais en C, et au mois de mai lors de mon premier pincement, je supprimerais les fruits existant au-dessous de ma taille, pour convertir à bois les rameaux qui les portaient et ne conserverais que les fruits du bourgeon de l'extrémité, juste au-dessous de ma taille en C.

La figure 10, n'a à sa base qu'un bouquet; de mai en novembre, je coupe le bouton à fleur dans la moitié de sa longueur, pour faire développer du bois en A, et dès qu'il est développé je taille en B; le petit bouquet de la base est transformé en rameau à bois, je le rapproche et le taille en B, pour fortifier mon rameau; au besoin je le pince pour constituer une bonne coursonne qui produit l'année suivante des fruits et du bois. Si je laissais venir le fruit à maturité, la branche qui l'a porté offrirait l'année suivante un grand vide de 8 à 10 centimètres de longueur, et j'aime mieux sacrifier au besoin un bourgeon à fruit et le remplacer par un bourgeon à bois, que je saurai plus tard faire fructifier.

Les figures 11 et 12, planche Ire, représentent des branches où les crochets ont toutes les dispositions à produire des bourgeons anticipés, surtout s'ils se trouvent placés au-dessus d'une branche de prolongement; pour empêcher ce résultat, je taille en A comme l'indiquent les deux figures.

Il y a mieux, et il me suffira presque toujours, si je m'y prends à temps, de pincer l'extrémité de deux feuilles stipulaires en A (voir planche Ire, figure 8). L'enlèvement d'un tiers environ de ces petites feuilles suffit pour conserver à la base les deux yeux stipulaires qui bientôt se développeront en rameaux que je pincerai à l'époque du mois de mai, encore à deux yeux pour faire partir une bonne coursonne qui donnera certainement des productions fruitières et du bois pour l'année suivante. Car le principal mérite en arboriculture est de diriger les arbres de manière à ménager les ressources de l'avenir tout en assurant la récolte présente. Ce procédé m'a toujours réussi depuis trois ans, et j'arrête ainsi le développement du bourgeon anticipé qui dans l'ancien système devenait d'autant plus redoutable qu'il poussait verticalement sur une branche charpentière placée horizontalement.

La figure 3 offre un bourgeon anticipé s'échappant du sein de sa mère. Ce bourgeon sur lequel on aura taillé pour servir de prolongement d'une branche de charpente, forme une branche gourmande; mais cela mérite un article spécial.

§ 4.

Du Bourgeon anticipé.

Je viens de dire en quelques mots comment j'avais réussi à tirer parti du bourgeon anticipé, cet ennemi des arboriculteurs, que les plus habiles praticiens, que les professeurs combattaient jusqu'à ce jour par mille moyens tous bien inutiles, puisqu'ils ne l'empêchaient pas de reparaître d'année en année.

Le bourgeon anticipé est de bonne ou de mauvaise nature, le premier se distingue de l'autre en ce que la feuille principale est beaucoup plus longue et plus large que les autres feuilles, le bourgeon se développe (voir figure 3, planche 1re), et les vaisseaux séveux lui fournissent une nourriture abondante; s'il est placé sur le dessus d'une branche de prolongement, il emporte les yeux stipulaires et tout le sicle à 10 ou même 18 cent. de longueur, et il laisse un bois dénudé. Voilà pourquoi l'on voit le plus grand nombre de pêchers avec des rameaux de 50 cent. et plus, n'ayant que des feuilles à l'extrémité.

Depuis 1856, je suis parvenu à transformer, dans l'année même de son développement, cet indomptable bourgeon, en une très-bonne coursonne, ayant à sa base deux bourgeons, l'un à bois, l'autre à fruit, et à son extrémité, distante de 12 cent. de longueur, un bourgeon à bois et un autre à fruit, que je sais transformer à volonté en deux bourgeons à bois ou deux bourgeons à fruit.

J'obtenais autrefois ce résultat par une piqûre que je pratiquais au-dessous des bourgeons que je voulais rectifier, maintenant j'y arrive à moins de frais, sans mutilation, sans suppression, sans piqûre, sans la moindre amputation; il me suffit de pincer au tiers ou à la moitié les deux feuilles stipulaires (comme le représente la figure 8, planche 1re); en novembre, je pince au tiers de sa longueur le bourgeon au-dessus duquel j'ai taillé, ce qui fait développer les yeux stipulaires. Au printemps, je choisis l'un des rameaux pour le prolongement, et je pince la petite feuille de l'extrémité des autres à la moitié de leur longueur en A (pl. 2, fig. 3). En mai, lors de mon premier pincement, si ma branche de prolongement a poussé avec trop de vigueur, je pince l'extrémité de ses feuilles (pl. 2, fig. 3); dans le cas contraire, je pince les rameaux qui sont à sa base à deux feuilles (pl. 2, fig. 5); je recommande même une seconde fois cette opération, si le besoin s'en fait sentir. Je l'ai déjà dit et ne saurais trop le répéter, le bourgeon anticipé se développe, mais les deux yeux stipulaires restent à la base; au mois de mai je les pince à la première paire de feuilles et les yeux de la base me donnent deux rameaux que je pince à leur tour lors de mon second pincement; pour en apprécier le résultat, il suffit de se reporter à la planche 2, figure 1re.

Ce que j'ai pratiqué sur une coursonne, je le fais nécessairement sur toutes les autres.

Quelques pêchers ont les mérithalles très-distancées, ce qui offre l'inconvénient de donner plus de longueur aux branches, en séparant, outre mesure, les nœuds les uns des autres, et en laissant un vide disgracieux à la vue, et surtout nuisible pour l'arbre, qui use dans une branche trop longue une partie de la sève nécessaire aux fruits. Je préviens cet inconvénient en pinçant l'extrémité des feuilles de la branche de prolongement deux ou trois fois pendant la végétation, j'ai soin de ne pas attaquer les bourgeons, mais je supprime le tiers de la longueur des petites feuilles de l'extrémité. Ce procédé, si simple en lui-même, m'a toujours parfaitement réussi depuis six ans que je le pratique, et l'on peut ainsi, si l'on veut, rapprocher les yeux même à deux centimètres de distance les uns des autres.

§ 5.

Deuxième pincement.

Le premier pincement a eu lieu dans le cours du mois de mai en tenant compte de l'état de la végétation qui varie quelque peu, suivant les localités; le second se pratique dans la seconde quinzaine de juillet, cette fois je pince court à un centimètre de longueur et sans conserver aucune feuille, tous les rameaux qui se sont développés au-dessus du premier pincement (planche 2, figure 7).

Cette opération sévère a pour but de suspendre, pour un temps du moins, la végétation des yeux latents, placés dans cette espèce de bourse qui s'est formée par suite du premier pincement, et de les empêcher de partir à bois. Je concentre ainsi, pendant un temps donné, l'action de la sève sur les yeux qui sont à la base de la coursonne, de manière à les renforcer et à y faire naître, l'année suivante, des fleurs et des bouquets de mai.

J'en ai fait l'expérience, si on laisse une seule feuille en pinçant en juillet, le bourgeon qui est dans son aisselle, grâce à sa position verticale, s'emporte et forme un bourgeon anticipé, et arrête la formation et l'épanouissement des yeux latents renfermés dans la bourse que mon premier pincement avait pour but de faire développer en rameaux productifs.

A cette époque de juillet, il est essentiel de détacher quelques feuilles, afin de découvrir les fruits et leur assurer le coloris et surtout la saveur qui font la valeur de la pêche, mais on aurait tort de supprimer toutes les feuilles qui recouvrent le fruit, car on l'exposerait aux coups de soleil qui le tachent instantanément.

Une autre attention, non moins importante, c'est de ne jamais arracher le pédoncule de la feuille (ce que, vulgairement on appelle la queue de la feuille), car, à sa naissance, existe toujours à l'état plus ou moins latent, l'œil d'un bourgeon que l'on pourra utiliser. Il faut donc toujours ménager cette ressource, non-seulement en n'arrachant pas le pédoncule, mais en ne l'ébranlant pas de manière à nuire à l'œil qui se trouve à sa base. J'ai vu des praticiens pour mieux ménager l'œil qui se trouve à l'aisselle, tenir d'une main le pétiole, et de l'autre, déchirer le parenchyme de la feuille; n'est-il pas plus simple et plus facile avec la serpette ou des ciseaux de couper le pédoncule à la moitié de sa longueur, l'on fait ainsi tomber la feuille sans la moindre secousse pour la branche.

CHAPITRE IV

De la stérilité des arbres.

Quelquefois des arbres en pleine végétation ne peuvent se mettre à fruit; ce résultat est dû à la végétation trop vigoureuse et principalement, je dois le dire, à la mauvaise direction de l'horticulteur, car il n'est pas d'arbre si rebelle qu'on ne puisse rendre productif.

Jadis, on prescrivait :

1° De laisser pousser deux rameaux sur chaque branche de prolongement; puis, en juillet, on coupait le rameau supérieur, respectant l'autre pour continuer le prolongement de la branche de charpente ;

2° De rapprocher la seule branche gardée sur le plus bas des bourgeons anticipés qu'elle aurait produits;

3° De pratiquer une incision au pied de l'arbre pendant le repos de la végétation, en faisant une incision circulaire pour couper tous les vaisseaux séveux de l'année précédente.

Ces prescriptions, on le comprend, avaient pour but de ralentir l'action de la sève; mais il faut toujours qu'elle marche et qu'elle se manifeste par des rameaux à bois quand elle n'en donne pas à fruits. Moi, j'obtiens le résultat désiré en pinçant l'extrémité des petites feuilles de tous les rameaux et branches de prolongement dans la dernière quinzaine de février; je recommence en mars la même opération.

Ces deux pincements si faciles arrêtent la force du bourgeon terminal, et la sève, refluant sur elle-même, est obligée d'alimenter tous les yeux de chaque rameau, même ceux à l'état latent; il se développe ainsi des boutons qui me donnent de très-courts rameaux dont les yeux sont très-rapprochés, et qui pour le plus grand nombre sont doubles et triples, un indice certain de productions fruitières.

Si quelques-unes de mes coursonnes se développaient trop, en mai, lors de mon premier pincement, je les pincerais à deux feuilles, et bientôt, à mon second pincement, elles seraient transformées en productions fruitières.

S'il surgit des bourgeons anticipés, je pince les deux feuilles stipulaires (voir, pl. 1re, fig. 8), et cette simple opération, je ne saurais trop le redire, suffit pour faire d'un mauvais bourgeon une bonne coursonne qui donnera du bois à sa base, et souvent du bois et du fruit à son extrémité.

Ce procédé peut être appliqué à tous les arbres fruitiers, mais, je m'empresse de le dire, le poirier ne donnera pas, comme le pêcher, des fruits l'année suivante; il faut au poirier deux ou trois ans pour qu'il se charge de fruits.

Les prolongements de la charpente de mes arbres ont été taillés l'année précédente de manière à développer tous les yeux. Mon premier soin avant de palisser, est, je l'ai déjà dit, d'éborgner avec la lame du greffoir tous les yeux placés du côté du mur, cette opération consiste à couper chaque œil à sa base.

J'ai respecté les yeux placés par devant, mais je pince les petites feuilles de leur extrémité, lorsqu'elles sont développées, au mois de mai suivant (pl. 1re, fig. 2).

Je pince court et ne conserve que deux feuilles, sans compter les petites folioles qui sont à la base. Si quelques rameaux étaient devenus trop durs pour résister à l'action des ongles, je les couperais avec la serpette, et je fais observer qu'il vaut beaucoup mieux les couper ainsi que de les pincer trop tôt (planche 2, figure 5).

Par suite du pincement, les yeux que j'ai conservés vont se développer violemment; pour prévenir cette fougue, je coupe le bourgeon placé à l'extrémité de la coursonne que j'avais pincée au tiers ou à la moitié de sa longueur, selon que le rameau était plus ou moins vigoureux (planche 2, figure 3).

Cette opération active le végétation du bourgeon de la base ; dès qu'il est arrivé à la longueur du premier, c'est-à-dire quand il a atteint 8 ou 10 cent. de longueur, je le pince à deux feuilles au niveau du premier pincement (planche 2, figure 7).

Le bourgeon supérieur, coupé à la moitié de sa longueur avant son développement, est arrêté et produit plusieurs ramilles, j'en supprime au second pincement et n'en conserve que deux afin de prévenir les bourgeons anticipés.

§ 6.

Des Abris.

De tous les arbres fruitiers, c'est le pêcher qui a le plus besoin d'abri, parce qu'il fleurit avant les autres. Aussi ne faut-il jamais compter sur des récoltes certaines quand on ne prend pas la précaution d'abriter ses pêchers, tandis qu'on peut compter sur une récolte annuelle quand on a su les garantir contre les gelées du printemps.

Cette protection réclamée consiste en un chaperon mobile de 40 cent. de saillie, pour les murs de trois mètres d'élévation. A cet effet, sur des supports mobiles ou fixés dans le mur et reliés entre eux, on pose un chaperon de bois, de toile ou de paillasson.

On laisse ces abris du milieu de février à la fin de mai, époque à laquelle les gelées ne sont plus à redouter.

CHAPITRE V

De la forme des arbres.

Je ne veux pas décrire toutes les formes qu'on donne aux pêchers ; les plus simples et les plus faciles sont les cordons droits ou horizontaux, les cordons obliques, les palmettes simples et doubles. La palmette Verrier, dont je donne le spécimen (fig. 6, pl. 3), présente beaucoup plus de difficultés pour arriver à la rendre parfaite, et en bien équilibrer le développement, je vais m'en occuper avec détail, bien certain qu'après avoir réussi, tout horticulteur saura facilement donner à ses arbres toutes les formes voulues.

Les jardiniers les plus habiles pensent que, pour amener à bien un pêcher en palmette Verrier, il faut une dizaine d'années ; je puis affirmer qu'avec mon système de pincement, il est facile, en cinq ou six années, de conduire l'arbre à l'état indiqué par la figure, et cela sans lui faire subir d'amputation.

Lors de la plantation, j'ai choisi un arbre présentant deux boutons latéraux, situés à environ 30 centimètres du sol, en A sur la planche, et un bouton en dessus et en avant B (pl. 3. fig. 2) ; je coupe la tige de l'arbre exactement au-dessus de ce dernier bouton, au point C.

Les boutons AA sont destinés à former les deux premières branches charpentières, et le bouton B le prolongement de la tige : pour protéger le développement de ces trois bourgeons, je pince ceux qui partiraient au-dessous ; je les pince au-dessus de leur première paire de feuilles, et même je les supprime complètement quand les bourgeons conservés en A et en B ont acquis une longueur de 40 centimètres.

Pour maintenir une vigueur égale entre mes deux bourgeons latéraux, je pince l'extrémité des feuilles de celui qui serait plus fort que l'autre ; ce moyen suffit pour rétablir l'équilibre.

Lorsque le bourgeon B qui marche verticalement a plus de 15 cent. de longueur, je pince l'extrémité des feuilles de prolongement à la moitié de leur longueur (voir planche 2, figure 3), et cela dans le but de rapprocher les yeux qui vont se développer sur ce rameau, et de refouler la sève dans les deux branches latérales pour leur donner toute la force possible, car du développement de ces branches dans la première année résulte la beauté de l'arbre.

Par la position verticale du bourgeon B, la sève y afflue naturellement, et si je n'en arrêtais la marche, il se développerait aux dépens des branches latérales; aussi, comme je l'ai dit, je pince les feuilles formant la première paire; cette précaution, non-seulement en arrête la marche, mais encore fait sortir des yeux qui se forment en rameaux. A mon premier pincement, au mois de mai, je les pince comme toutes les autres coursonnes à deux feuilles seulement.

Pour la seconde année, je taille en novembre et supprime un tiers de la longueur de mes branches sous-mères, en choisissant un bouton de devant pour former mon nouveau prolongement. Si l'une des deux branches était plus forte que l'autre, je la taillerais plus court; si toutes deux avaient peu profité, je les palisserais plus verticalement pour qu'elles prissent plus de force et de développement; et ce serait quand elles auraient acquis toute la force suffisante, que je les redescendrais successivement pour leur donner la position horizontale indiquée sur la planche 3, figure 6.

Ma tige ou branche du milieu qui marche plus rapidement, présente par suite de mon pincement précédent, deux coursonnes bien formées, que je taille à deux yeux, à 25 cent. de mon premier étage de branches; je laisse se développer deux bourgeons pour former mon second étage; et je pince les deux feuilles de l'extrémité de ma tige sans la tailler; en mai, lors de mon premier pincement, je coupe, et les ongles suffisent, tous les rameaux qui se sont développés sur mes trois branches charpentières, je les coupe à deux feuilles (voir planche 2, figure 5), en A sans compter les petites feuilles de la base.

Si l'équilibre de mon arbre ne s'est pas conservé, je pince les deux feuilles de l'extrémité de la branche la plus forte, et quinze jours plus tard, si l'équilibre n'est pas obtenu, je recommence la même opération sur les nouvelles feuilles qui se trouvent à l'extrémité de la branche la plus forte. (voir planche 2, figure 3 en A.) Il faudrait qu'il y eût une bien énorme différence pour que je fusse obligé de recommencer une troisième fois.

Lorsque ma tige (ou branche du milieu) a dépassé la hauteur de 25 cent., distance à laquelle je fixe la séparation entre mes branches charpentières, je laisse développer deux bourgeons pour former mon second étage; et, comme la première année, je pince les deux feuilles de l'extrémité de ma tige pour en arrêter l'allongement et faire développer deux nouveaux bourgeons qui formeront mon troisième étage. Je pince une seconde fois ma tige pendant le cours de l'été, s'il est nécessaire d'en arrêter la végétation, de même, je relève les deux branches de mon second étage, si elles sont faibles, ou je les descends plus horizontalement si elles sont trop fortes, et je pince en même temps les feuilles de leur extrémité.

En juillet, lors de mon second pincement, je supprime les nouveaux rameaux que mon premier pincement a fait naitre à l'extrémité de toutes mes branches coursonnes, je les coupe en A au niveau du premier pincement (planche 2, figure 7), et ne laisse que les petites feuilles de la base qui forment des ressources pour l'avenir.

Ce que j'ai fait les deux premières années, je le répète pour les années suivantes, en ayant toujours soin de favoriser les deux premières branches sous-mères, où la sève arrive toujours plus difficilement que dans les autres; et, chose remarquable, avec mes pincements de mai et de juillet, je n'ai pas de gourmands à amputer, ni de bourgeons anticipés à mutiler, puisque mon procédé les a transformés en coursonnes produisant du bois et du fruit.

A chaque taille de novembre, je l'ai déjà dit et ne saurais trop le répéter, je supprime les crochets de derrière et je taille ceux de dessus et de dessous à deux yeux; je ne laisse qu'un crochet dessus et deux dessous (voir planche 1re, figures 7 et 9).

Si les branches de mon étage inférieur sont bien garnies à leur base et si tous les yeux sont bien prononcés, je ne leur fais plus de taille; dans le cas contraire, je supprime le tiers de l'allongement de l'année.

A la troisième année, l'arbre commence à donner des fruits, mais je lui en laisse peu, pour mieux assurer le développement de la charpente.

Lorsque les branches du premier étage ont atteint le développement que je veux leur donner, j'en relève l'extrémité : elles prennent d'autant plus de vigueur qu'elles ont une position verticale. On comprend aisément que les branches des autres étages doivent être redressées de manière à laisser entre elles la séparation de 25 cent. Si l'arbre a été planté dans de bonnes conditions, il est complet dans la septième année au plus, et dans huit mètres de surface de mur, il fournit 32 mètres de branches de charpente.

Tous les avantages de ma méthode sont constatés par la figure 1re, planche 3, présentant une branche gourmande de l'année, soumise au pincement, et portant 18 bourgeons anticipés, dont le plus grand nombre était de mauvaise nature, et que j'ai transformés en bonnes coursonnes pour l'année suivante; plusieurs me donneront des fruits.

Cette transformation est obtenue par le pincement des deux petites feuilles stipulaires (voir planche 1re, figure 8). Cette bien facile opération a fait justice de tous les bourgeons anticipés.

Ce résultat est trop important pour n'être pas constaté, et je fais appel à tous les horticulteurs qui pourront reconnaître sur mes arbres la solution de ce fameux problème.

CHAPITRE VI

Maladies du Pêcher.

Le pêcher est soumis à différentes maladies, qui parfois prennent tant de gravité qu'elles font périr l'arbre, je puis dire en quelques heures.

Les principales sont la gomme, la cloque, la lèpre, le blanc des racines, le rouge.

1° *La gomme*, est un véritable ulcère causé par les changements brusques de la température, et plus souvent encore par des amputations mal faites ou des déchirures provenant de mauvais instruments, et cela est si vrai que dans plus d'un jardin, pour me rendre compte de l'écoulement gommeux, je trouvais une amputation, cause première de la maladie.

La gomme se manifeste par un déchirement de l'écorce, la sève décomposée s'échappe et produit une substance épaisse ressemblant à la gomme arabique. Si l'on n'y remédie pas, la plaie s'agrandit, l'écoulement augmente et la branche entière est perdue.

Quand le mal apparait, il faut aviver toute la partie endommagée; on frotte la plaie avec un peu d'acide oxalique étendu d'eau, ou plus simplement avec des feuilles d'oseille ; on laisse sécher pendant quelques jours, puis on recouvre la plaie de mastic à greffer.

Les vieilles écorces produisent quelquefois la gomme, leur bois est trop dur pour céder à la dilatation qui cause l'accroissement du diamètre de la branche. Alors il faut pratiquer plusieurs incisions en long et du côté du mur avec la pointe de la serpette; par suite de cette opération, la branche peut grossir et le mal disparait; dans tous les cas mieux vaut ne pas attendre qu'il se manifeste, et faire les incisions quand on reconnait que les écorces sont trop dures.

2° *La cloque*. Produite par les changements de température, cette maladie se déclare quand le froid succède à des journées de chaleur. Les feuilles attaquées se crispent, deviennent épaisses. Le parenchyme est bientôt décomposé et entrave le fonctionnement de la feuille et même son accroissement.

Quand une partie seulement des feuilles est attaquée, il suffit d'enlever immédiatement les parties malades, mais si les feuilles et les bourgeons sont atteints, il faut immédiatement rabattre ces bourgeons sur un ou deux yeux, afin d'obtenir très vite de nouveaux bourgeons, qui, poussant avec vigueur, ne se ressentent pas des atteintes de la maladie. Là, pas d'hésitation, il faut trancher dans le vif, autrement on verrait le mal se prolonger tout l'été.

3° *La lèpre* ou blanc des feuilles, est un champignon invisible à l'œil nu, qui envahit les feuilles et les couvre d'une poussière blanche sous laquelle la feuille ne fonctionne plus.

Je ne connais qu'un moyen efficace, c'est le soufrage comme pour la maladie de la vigne; moi, je préviens la maladie en plaçant, dès le mois de février, des morceaux de soufre que je maintiens sur le treillage, le plus près possible des jeunes rameaux. Si ce moyen bien simple n'est pas toujours infaillible, il m'a cependant été d'une grande utilité.

4° *Le blanc des racines*. Cette maladie peut, en 24 heures, tuer des arbres forts et d'une vingtaine d'années. Elle apparait pendant les grandes chaleurs, à la suite des fortes pluies d'orage; elle est souvent déterminée par les arrosements donnés à l'arbre.

Les autres maladies du pêcher sont moins difficiles à maitriser que celle-ci qui ne se manifeste extérieurement que par les ravages qu'elle a causés, mais on peut cependant la combattre utilement, si l'on visite et si l'on examine avec attention les arbres après les pluies abondantes de mai et surtout de juillet et d'août.

Dès qu'un arbre semble souffrir, quand les feuilles paraissent fatiguées, il faut sans retard découvrir les racines, retirer l'écorce jusqu'au vif pour enlever tout le blanc qui s'y est attaché, puis il faut laver le collet de l'arbre et les racines et les nettoyer avec une brosse sur toutes les parties attaquées. Ce premier soin rempli, et sans désemparer, on doit les frotter fortement avec de l'oseille fraîche dont on fera couler le jus sur toute la surface de la plaie.

On laisse sécher pendant un jour, et l'on applique au collet de l'arbre et sur toutes les parties gâtées, un mélange de fleur de soufre, de charbon pilé et de sel dans les proportions suivantes:

1° Fleur de soufre	7/10es
2° Charbon pilé	2/10
3° Sel égrugé fin.	1/10

Après avoir bien saturé les parties malades, il est bon de répandre ce qui reste de ce mélange dans la terre qui va recouvrir les racines.

Je ne présente pas ce remède comme infaillible, mais s'il reste de l'écorce saine dans les racines endommagées il y a quelque chance de sauver l'arbre.

5° *Le rouge*. Ce mal est le plus redoutable de tous en ce qu'on n'en connaît pas la cause et qu'on en cherche encore le remède.

Les rameaux se colorent en rouge vif, puis en rouge foncé et si l'arbre ne meurt pas instantanément, il languit une année encore et ne semble résister au mal que pour affliger plus longtemps l'œil du propriétaire. Le plus sage est de le remplacer, car il ne guérira jamais.

CHAPITRE VII

Des Insectes.

Le pêcher est attaqué par *le tigre*, les charançons, les chenilles les perce-oreilles, les pucerons, les fourmis.

Le *tigre* est un petit insecte qui s'attache aux feuilles du pêcher où il trouve sa nourriture, puis il dépose ses œufs sur les branches qu'il envahit et qu'il couvre entièrement, on doit pour préserver l'arbre, faire des lavages avec de l'eau de savon et brosser les rameaux qui sont couverts d'insectes. J'ai vu employer utilement pour ces lavages de l'eau de lessive mélangée de savon noir et de chaux vive.

Les charançons et les chenilles attaquent principalement les bourgeons, ils exigent au printemps d'assez fréquentes inspections de l'arbre pour enlever tous ces ennemis qu'on peut facilement détacher de la branche ou de la feuille par une secousse brusque, mais légère, pour ne point fatiguer la branche.

Les perce-oreilles vivent aux dépens des bourgeons et des fruits où ils font une première plaie que bientôt les guêpes et les frelons aggravent et augmentent au point de s'y creuser un asile où ils vivent comme le rat dans son fromage. En peu de temps, le fruit ainsi endommagé n'est plus offrable.

Le perce-oreilles recherche la fraîcheur, et pendant la chaleur de la journée on le voit se réfugier derrière les parties les plus touffues de l'arbre ou dans les bois du treillage et souvent entre les pierres du mur. Pour en rendre la chasse plus facile, je place de distance en distance dans chacun de mes pêchers des bouquets de rameaux garnis de leurs feuilles. Les perce-oreilles viennent y chercher la fraîcheur qui leur est nécessaire; j'enlève plusieurs fois dans la journée ces bouquets, que je replace après en avoir détruit tous les habitants; mais c'est une chasse continue qu'il faut leur faire.

Les pucerons causent un double mal au pêcher, en s'attachant aux bourgeons qu'ils attaquent sans merci, et en déposant leurs œufs sur les feuilles qui se contractent et ne remplissent plus leurs fonctions si nécessaires au mouvement de la sève; mais ils sont la cause de plus de mal encore en attirant les fourmis, qui se montrent très-friandes d'en dévorer les œufs; elles ne s'en tiennent pas là, car alors elles se montreraient des auxiliaires très-utiles pour l'homme; elles attaquent les nervures de la feuille pour y puiser les sucs qu'elle renferme, et j'ai vu de de jeunes arbres ne pas résister à cette double invasion.

Je combats les pucerons par de fréquents lavages avec de la fleur de soufre et de l'eau dans laquelle je mets 5 centilitres de vinaigre camphré. J'emploie également la poudre insecticide. Quant aux fourmis, on est dans l'usage de les attirer dans des vases d'eau miellée, où elles se noient. Il faut, chaque jour, renouveler l'eau qui les attire, et faire disparaître les corps des victimes, pour que leur mort ne soit pas un avertissement qui révèle le piége et ses dangers.

CHAPITRE VIII

Des Engrais.

Les engrais sont généralement utiles, toutefois il faut en faire usage avec modération; nécessaires quand l'arbre se développe difficilement dans un terrain peu favorable, ils peuvent nuire quand l'arbre offre une forte et riche végétation; la pléthore est à redouter en arboriculture comme elle est funeste à l'homme.

Ces réserves posées, je recommanderai en première ligne un engrais qu'il est toujours facile de se procurer à peu de frais et en grande quantité. C'est un compost formé avec les détritus du potager et de la maison; je le préfère, pour les jardins fruitiers, au meilleur fumier d'écurie.

Pour le composer, choisissez une place au nord, ombragée par des arbres; dressez-y une plate-forme d'une étendue proportionnée à la quantité de fumier nécessaire; donnez-lui une inclinaison qui facilite l'écoulement sur un point donné de tout le jus de cet engrais, qui arrivera ainsi dans une barrique enfouie en terre et où l'on pourra puiser pour les arrosements de ces fumiers, afin d'empêcher les herbes de se dessécher; puis, chaque jour, on jette sur le tas tous les débris de la cuisine, les eaux de vaisselle, de savon, et en général toutes les eaux ménagères.

On arrose à plusieurs reprises le tas de fumier avec les premières eaux arrivées dans le réservoir et qui ne se sont pas encore suffisamment imprégnées des sels et des gaz du fumier. En quinze jours, tous ces détritus, enrichis des balayures de la maison, des cendres, de la suie, forment un compost excellent comme engrais à mettre dans le sol et au pied des arbres, mais ils profiteront plus encore si on les arrose avec le jus de ce fumier; l'engrais liquide est ce qu'il y a de plus précieux pour favoriser la végétation : avec lui rien n'est impossible.

Il est facile de fabriquer de grandes quantités d'engrais liquide sans une grande dépense : il suffit d'avoir un réservoir bien bouché, comme une citerne ou même des tonneaux ne fuyant pas; on y composera un excellent engrais liquide à l'aide d'un des moyens suivants :

1° *Le guano*, le plus riche et le plus énergique des engrais connus, mis en dissolution dans douze fois son volume d'eau;

2° *La colombine* recueillie dans les pigeonniers et les poulaillers, étendue dans trente fois son volume d'eau, et désinfectée avec 100 grammes de sulfate de fer par hectolitre;

3° *Les matières fécales* dissoutes dans vingt fois leur volume d'eau, et désinfectées avec 100 grammes de sulfate de fer par hectolitre; il faut ne l'employer que quand la fermentation commence.

4° *Les urines* ; étendues dans trois fois leur volume d'eau avec 100 grammes de sulfate de fer par hectolitre;

5° Le sang des abattoirs et les purins, étendus dans deux fois leur volume d'eau et 100 grammes de sulfate de fer par hectolitre;

6° Je fabrique également un fort bon engrais liquide avec du crottin de cheval mis dans deux tiers d'eau. Je laisse le tout dans une barrique défoncée pendant quelques jours, et je l'emploie quand la fermentation commence.

Je crois nécessaire de renouveler ma recommandation pour tous les arrosements à l'engrais liquide, d'avoir soin de former autour du pied de l'arbre une saignée circulaire de 1 m. 10 c. à 1 m. 50 c. de diamètre, suivant la force de l'arbre, afin que l'engrais, s'infiltrant dans le sol vers l'extrémité des racines, leur arrive plus directement. Deux ou trois arrosoirs suffisent pour chaque pied d'arbre.

J'ai déjà dit que tous les arrosements doivent se faire après le coucher du soleil ; de plus, j'ai le soin de couvrir le sol humide, de paille ou toute autre couverture pour empêcher l'évaporation.

Je ne saurais trop insister pour déterminer ceux qui veulent bien réclamer mes conseils à faire le compost qui se compose de tout ce que l'on jette dans les maisons les mieux tenues. Rien ne doit être perdu, et la cuisine la plus modeste fournit, avec ses eaux grasses seulement, des éléments précieux de fertilité. Il n'est plus alors de sol improductif ou seulement médiocre, et, en quelques années, on l'améliore si bien, qu'on en obtient d'excellents et d'abondants produits.

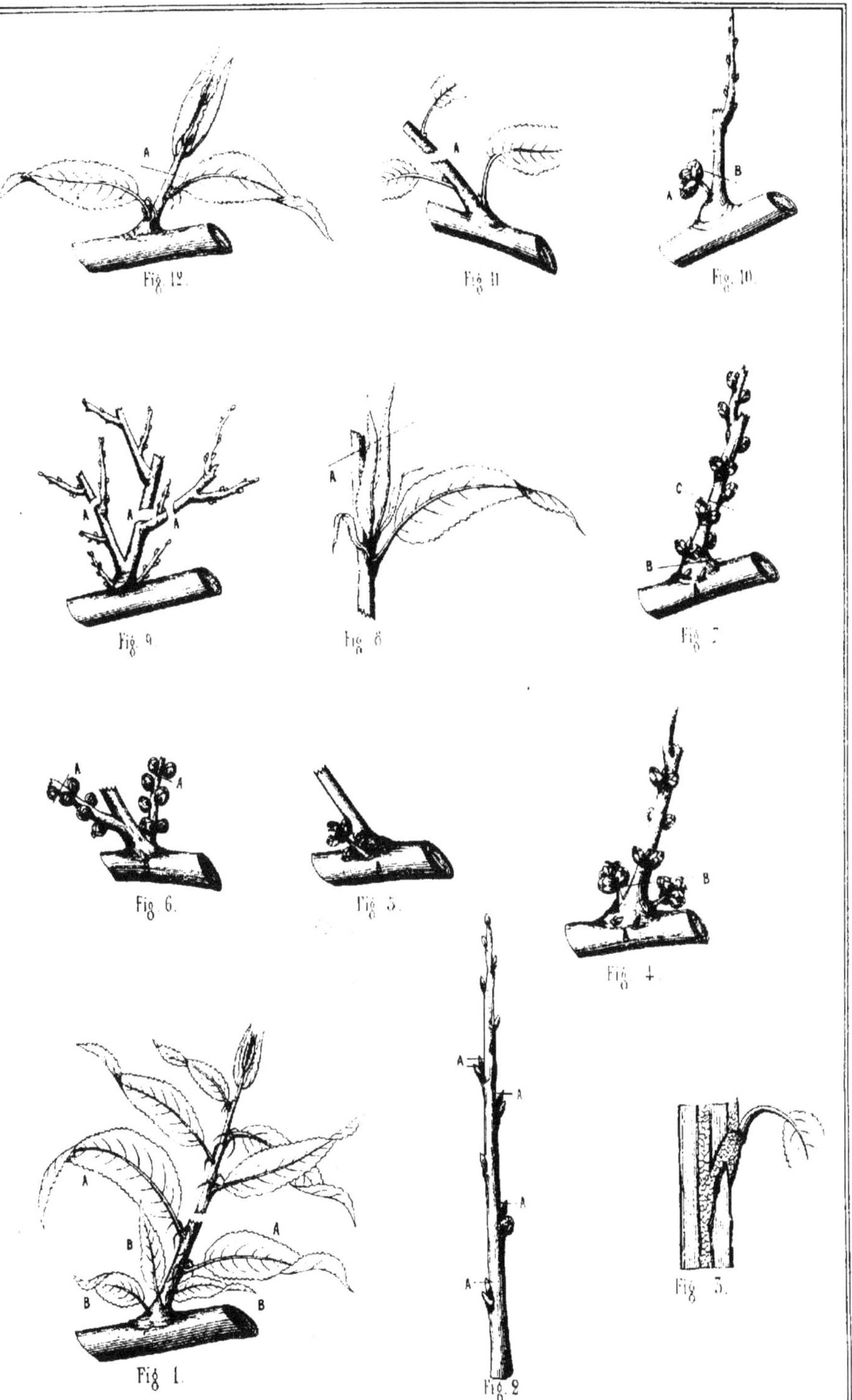
Fig. 12.
Fig. 11
Fig. 10.
Fig. 9.
Fig. 8
Fig. 7
Fig. 6.
Fig. 5.
Fig. 4.
Fig. 1.
Fig. 2
Fig. 3.

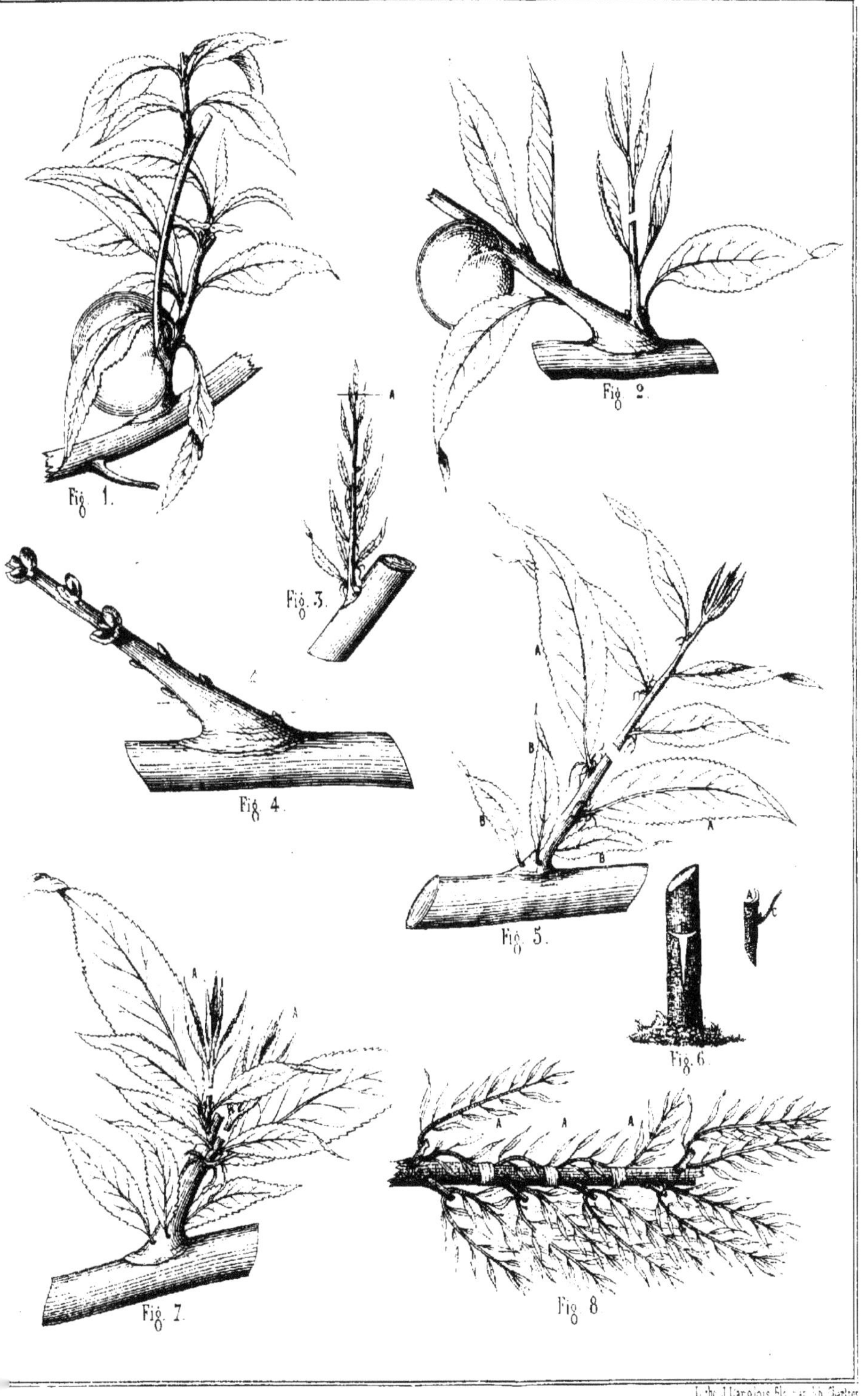

Litho J. Langlois fils [illegible] Chartres

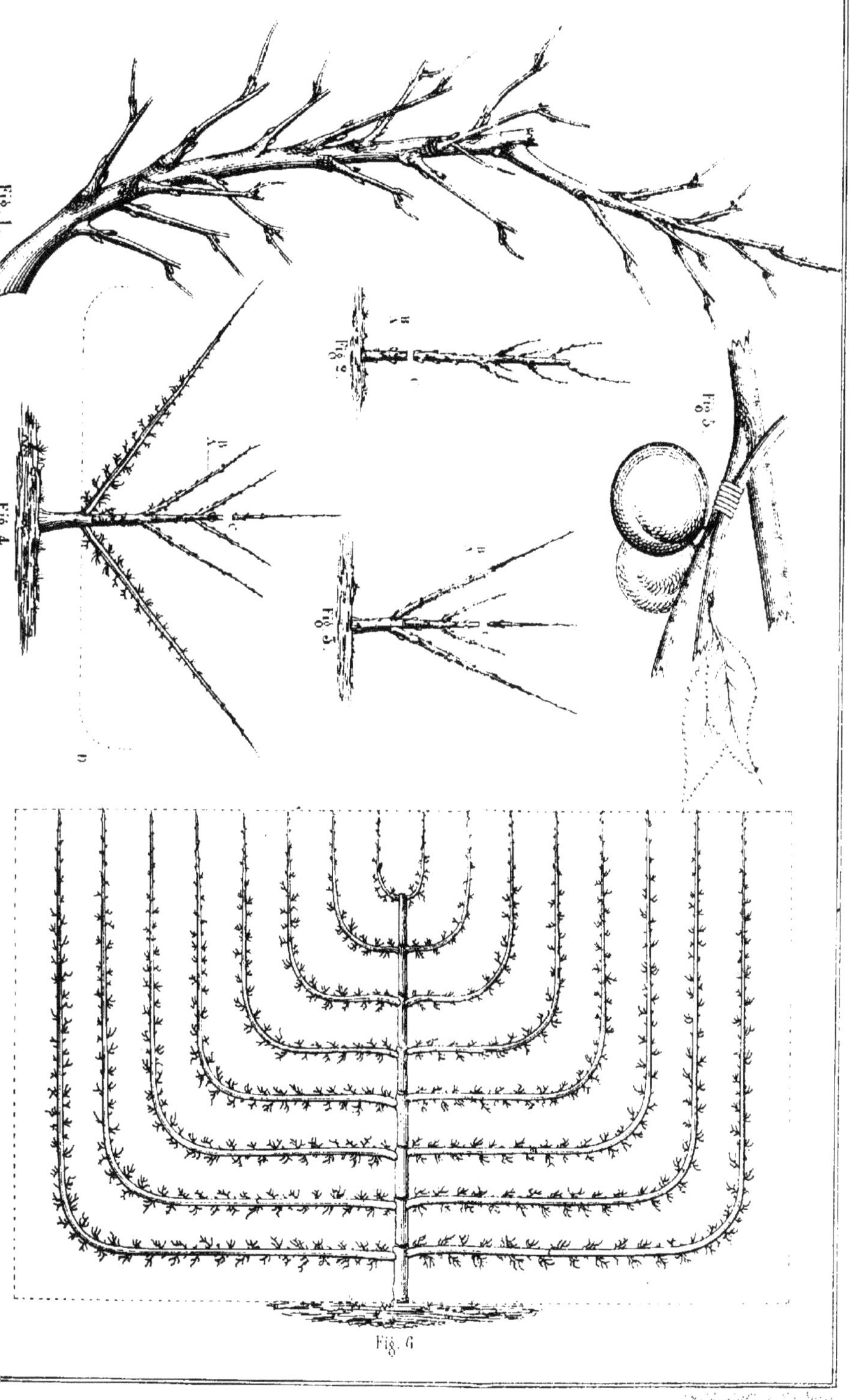
Fig. 1.
Fig. 2.
Fig. 3.
Fig. 4.
Fig. 5.
Fig. 6

TABLE

CHARTRES, IMPRIMERIE DE GARNIER.

www.ingramcontent.com/pod-product-compliance
Ingram Content Group UK Ltd.
Pitfield, Milton Keynes, MK11 3LW, UK
UKHW021006180726
13838UKWH00003B/1473

9 782329 30600